Wie lautet die Geradengleichung in Hauptform?

Tangentengl.

Wie lautet die Punkt-Steigungs-Form einer Geraden durch $Q\,(x_Q \mid y_Q)$ mit Steigung m?

Wie lautet die Gleichung einer Parallelen zur x-Achse?

Wie lautet die Gleichung einer Parallelen zur y-Achse?

Wie erhält man die Steigung m zwischen $P(x_P \mid y_P)$ und $Q(x_Q \mid y_Q)$?

Wie erhält man den Steigungswinkel einer Geraden mit Steigung m?

Wie bestimmt man den Mittelpunkt M von $P(x_P \mid y_P)$ und $Q(x_Q \mid y_Q)$?

Wie berechnet man die Länge der Strecke von $P(x_P \mid y_P)$ zu $Q(x_Q \mid y_Q)$?

Die Geradengleichung in Punkt-Steigungs-Form lautet:

$$y = m \cdot (x - x_Q) + y_Q$$

2

Die Geradengleichung in Hauptform lautet:

$$y = m \cdot x + c$$

m : Steigung

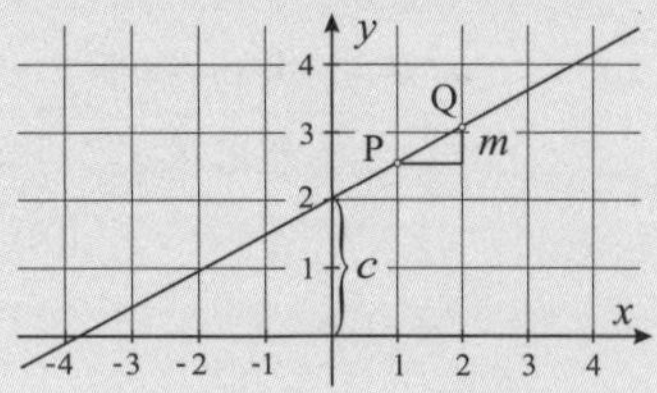

1

Die Gleichung einer Parallelen zur y-Achse lautet:

$$x = u$$

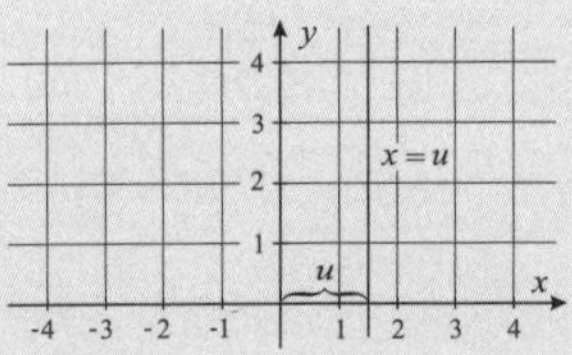

4

Die Gleichung einer Parallelen zur x-Achse lautet:

$$y = c$$

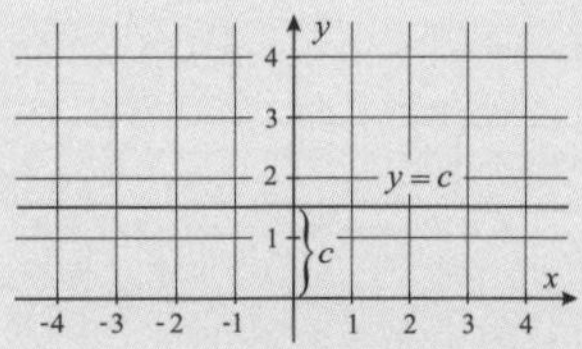

3

Den Steigungswinkel α einer Geraden mit Steigung m erhält man durch:

$$m = \tan \alpha$$

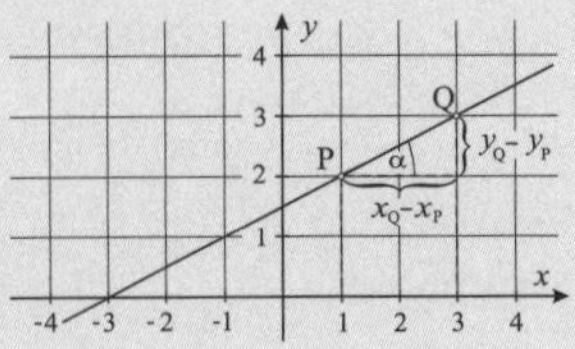

6

Die Steigung zwischen den Punkten P und Q ist:

$$m = \frac{y_Q - y_P}{x_Q - x_P}$$

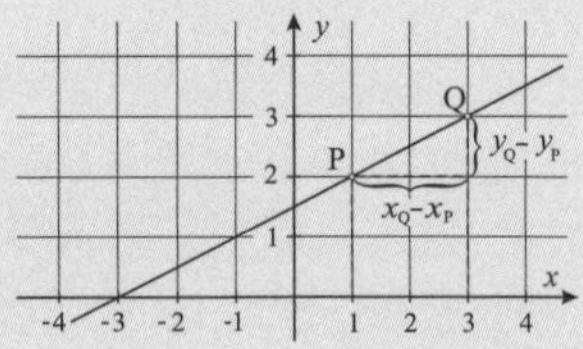

5

Die Länge der Strecke von P zu Q beträgt:

$$\overline{PQ} = \sqrt{(x_Q - x_P)^2 + (y_Q - y_P)^2}$$

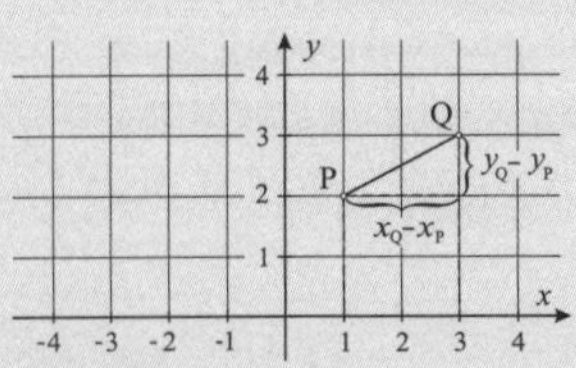

8

Der Mittelpunkt M von P und Q ist:

$$M\left(\frac{x_P + x_Q}{2} \mid \frac{y_P + y_Q}{2} \right)$$

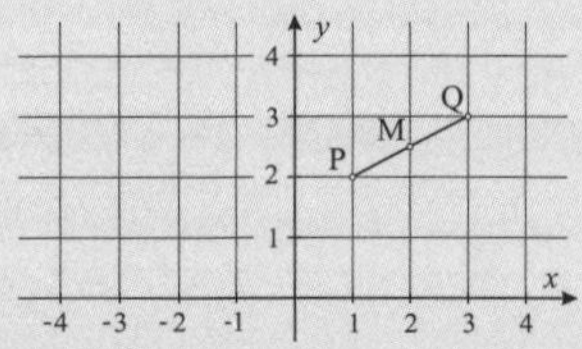

7

Geraden und Strecken

Woran erkennt man, dass die Geraden g und h parallel sind?

BF www.Freiburger-Verlag.de 9

Geraden und Strecken

Woran erkennt man, dass die Geraden g und h orthogonal (senkrecht zueinander) sind?

BF www.Freiburger-Verlag.de 10

Geraden und Strecken

Wie lautet die Gleichung der 1. und der 2. Winkelhalbierenden?

BF www.Freiburger-Verlag.de 11

Algebra

Wie erhält man die Lösung von $x^2 + px + q = 0$?

BF www.Freiburger-Verlag.de 12

Algebra

Wie erhält man die Lösung von $ax^2 + bx + c = 0$?

BF www.Freiburger-Verlag.de 13

Algebra

Was ist $x^a \cdot x^b$ bzw. $\frac{x^a}{x^b}$?

BF www.Freiburger-Verlag.de 14

Algebra

Was ist $(x \cdot y)^a$ bzw. $\left(\frac{x}{y}\right)^a$?

BF www.Freiburger-Verlag.de 15

Algebra

Was ist $(x^a)^b$ bzw. x^0?

BF www.Freiburger-Verlag.de 16

Die eine Steigung ist der negative Kehrwert der anderen Steigung:

$$m_g = -\frac{1}{m_h} \text{ bzw. } m_g \cdot m_h = -1$$

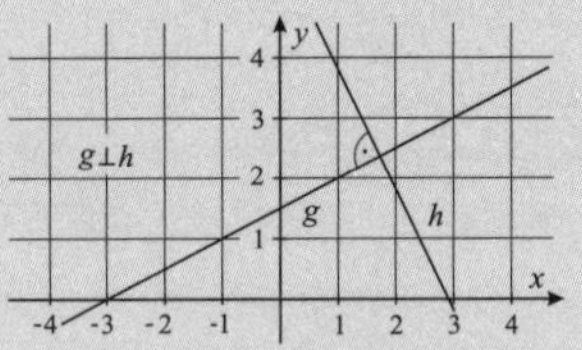

10

Die Geraden g und h sind parallel, wenn die y-Achsenabschnitte verschieden und die Steigungen gleich sind: $m_g = m_h$

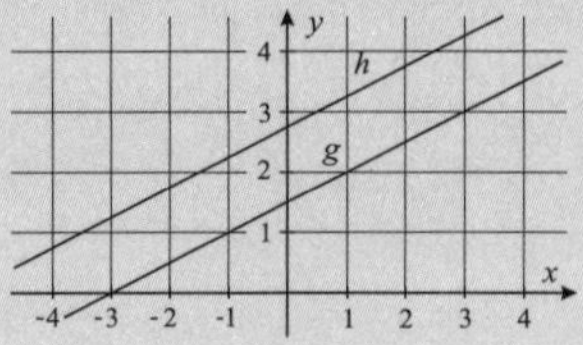

9

Mithilfe der pq-Formel erhält man:

$$x_{1,2} = -\frac{p}{2} \pm \sqrt{\left(\frac{p}{2}\right)^2 - q}$$

12

1. Winkelhalbierende: $y = x$

2. Winkelhalbierende: $y = -x$

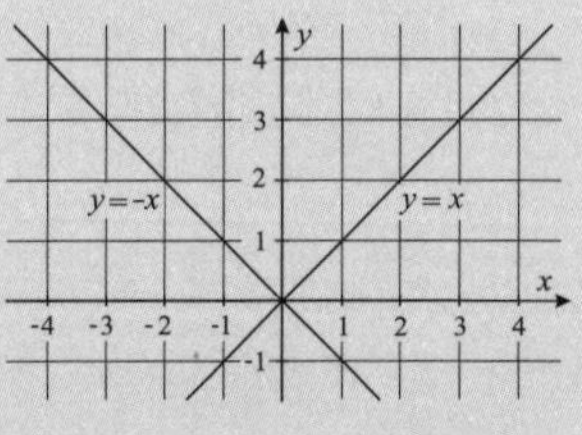

11

$$x^a \cdot x^b = x^{a+b}$$

$$\frac{x^a}{x^b} = x^a \cdot x^{-b} = x^{a-b}$$

14

Mithilfe der abc-Formel erhält man:

$$x_{1,2} = \frac{-b \pm \sqrt{b^2-4ac}}{2a}$$

13

$$(x^a)^b = x^{a \cdot b}$$

$$x^0 = 1 \text{ (mit } x \neq 0)$$

16

$$(x \cdot y)^a = x^a \cdot y^a$$

$$\left(\frac{x}{y}\right)^a = \frac{x^a}{y^a}$$

15

Algebra

Was ist x^{-a}?

BF www.Freiburger-Verlag.de 17

Algebra

Was ist $x^{\frac{1}{n}}$?

BF www.Freiburger-Verlag.de 18

Algebra

Was ist $\ln(e)$ bzw. $\ln(1)$?

BF www.Freiburger-Verlag.de 19

Trigonometrie

Wie lauten die trigonometrischen Verhältnisse?

BF www.Freiburger-Verlag.de 20

Differentialrechnung

Wie lautet die 1. Ableitung von $f(x) = a \cdot x^r$?

BF www.Freiburger-Verlag.de 21

Differentialrechnung

Wie lautet die 1. Ableitung von $f(x) = \sqrt{x}$?

BF www.Freiburger-Verlag.de 22

Differentialrechnung

Wie lautet die 1. Ableitung von $f(x) = u(x) \cdot v(x)$?

BF www.Freiburger-Verlag.de 23

Differentialrechnung

Wie lautet die 1. Ableitung von $f(x) = u(v(x))$?

BF www.Freiburger-Verlag.de 24

Eine Potenz mit rationalem Exponenten ist eine Wurzel:

$$x^{\frac{1}{n}} = \sqrt[n]{x}$$

18

Eine Potenz mit negativem Exponenten ist ein Bruch:

$$x^{-a} = \frac{1}{x^a}$$

17

$$\sin\alpha = \frac{\text{Gegenkathete}}{\text{Hypotenuse}}$$

$$\cos\alpha = \frac{\text{Ankathete}}{\text{Hypotenuse}}$$

$$\tan\alpha = \frac{\text{Gegenkathete}}{\text{Ankathete}}$$

20

$$\ln(e) = 1$$

$$\ln(1) = 0$$

19

Umschreiben: $f(x) = \sqrt{x} = x^{\frac{1}{2}}$

Ableiten ergibt:

$$f'(x) = \frac{1}{2} \cdot x^{-\frac{1}{2}} = \frac{1}{2x^{\frac{1}{2}}} = \frac{1}{2\sqrt{x}}$$

22

$$f'(x) = a \cdot r \cdot x^{r-1}$$

21

Äußere mal innere Ableitung:

$$f'(x) = u'(v(x)) \cdot v'(x)$$

(Kettenregel)

24

$$f'(x) = u'(x) \cdot v(x) + u(x) \cdot v'(x)$$

(Produktregel)

23

Wie lautet die 1. Ableitung
von $f(x) = e^x$?

Wie lautet die 1. Ableitung
von $f(x) = a \cdot e^{k \cdot x + b}$?

Wie lautet die 1. Ableitung von
$f(x) = \sin x$?

Wie lautet die 1. Ableitung von
$f(x) = a \cdot \sin(k \cdot x + b)$?

Wie lautet die 1. Ableitung von
$f(x) = \cos x$?

Wie lautet die 1. Ableitung von
$f(x) = a \cdot \cos(k \cdot x + b)$?

Wie lässt sich die momentane Änderungsrate
einer Funktion f beschreiben?

Wie lautet die Gleichung einer
allgemeinen Parabel?

$$f'(x) = a \cdot e^{k \cdot x + b} \cdot k$$

(Kettenregel)

26

$$f'(x) = e^x$$

(e^x verändert sich beim Ableiten nicht)

25

$$f'(x) = a \cdot \cos(k \cdot x + b) \cdot k$$

(Kettenregel)

28

$$f'(x) = \cos x$$

27

$$f'(x) = a \cdot (-\sin(k \cdot x + b)) \cdot k$$

(Kettenregel)

30

$$f'(x) = -\sin x$$

29

Eine allgemeine Parabel hat die Gleichung:

$$f(x) = ax^2 + bx + c$$

32

Die momentane Änderungsrate einer Funktion kann durch die 1. Ableitung, also $f'(x)$, beschrieben werden.

31

Wie lautet die Gleichung einer zur y-Achse symmetrischen Parabel?

Wie lautet die Gleichung einer ganzrationalen Funktion f dritten Grades?

Wie geht der Graph von $f(x) = a \cdot g(b \cdot (x - c)) + d$ aus dem Graphen von $g(x)$ hervor?

Wie erhält man die Steigung m_t der Tangente in einem Punkt $\mathrm{P}(u \mid f(u))$ an den Graphen einer Funktion f?

Wie lautet die Tangentengleichung in einem Punkt $\mathrm{P}(u \mid f(u))$?

Wie erhält man die Steigung m_n der Normalen in einem Punkt $\mathrm{P}(u \mid f(u))$?

Wie lautet die Normalengleichung in einem Punkt $\mathrm{P}(u \mid f(u))$?

Wie prüft man, ob der Graph einer Funktion f achsensymmetrisch zur y-Achse ist?

Eine ganzrationale Funktion f dritten Grades hat die Gleichung:

$$f(x) = ax^3 + bx^2 + cx + d$$

34

Eine Parabel, die symmetrisch zur y-Achse ist, hat die Gleichung:

$$f(x) = ax^2 + c$$

33

Der x-Wert des Punktes $\mathrm{P}(u \mid f(u))$ wird in die 1. Ableitung von f eingesetzt:

$$m_t = f'(u)$$

36

Der Graph von $f(x) = a \cdot g(b \cdot (x - c)) + d$ geht aus dem Graphen von $g(x)$ wie folgt hervor:

a: Streckung in y-Richtung mit Faktor a
($a < 0$: Spiegelung an der x-Achse)
b: Streckung in x-Richtung mit Faktor $\frac{1}{b}$
c: Verschiebung in x-Richtung um c
d: Verschiebung in y-Richtung um d

35

Die Steigung der Normalen ist der negative Kehrwert der Tangentensteigung:

$$m_n = -\frac{1}{m_t} = -\frac{1}{f'(u)}$$

(mit $f'(u) \neq 0$)

38

Die Tangentengleichung in $\mathrm{P}\ (u \mid f(u))$ lautet:

$$t\colon y = f'(u) \cdot (x - u) + f(u)$$

37

Bei Achsenymmetrie zur y-Achse muss gelten:

$$f(-x) = f(x)$$

40

Die Normalengleichung in $\mathrm{P}\ (u \mid f(u))$ lautet:

$$y = -\frac{1}{f'(u)} \cdot (x - u) + f(u)$$

(mit $f'(u) \neq 0$)

39

Wie prüft man, ob der Graph einer Funktion f punktsymmetrisch zum Ursprung ist?

Wie erhält man den Schnittpunkt S des Graphen von $f(x)$ mit der y-Achse?

Wie erhält man Schnittpunkte des Graphen von $f(x)$ mit der x-Achse?

Wie lautet die Bedingung für Punkte mit waagerechter Tangente?

Wie erkennt man ein lokales Maximum (Hochpunkt)?

Wie erkennt man ein lokales Minimum (Tiefpunkt)?

Wie erkennt man einen Wendepunkt?

Woran erkennt man einen Sattelpunkt?

$x = 0$ wird in $f(x)$ eingesetzt:
$S(0 \mid f(0))$

42

Bei Punktsymmetrie zum Ursprung muss gelten:
$f(-x) = -f(x)$

41

An Punkten mit waagerechter Tangente ist die Steigung gleich Null:
$f'(x_0) = 0$

44

$f(x) = 0$ nach x auflösen, um die Nullstellen zu berechnen:
$N_1(x_1 \mid 0),\ N_2(x_2 \mid 0),\ \ldots$

43

$f'(x_0) = 0$ und $f''(x_0) > 0$
oder f' hat einen Vorzeichenwechsel an der Stelle x_0 von $-$ nach $+$

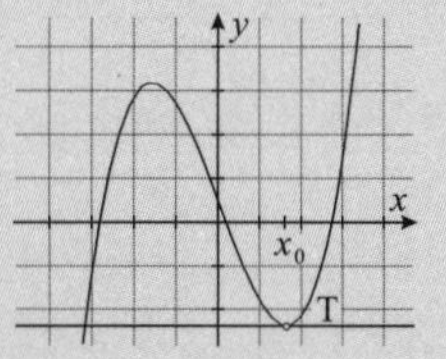

46

$f'(x_0) = 0$ und $f''(x_0) < 0$
oder f' hat einen Vorzeichenwechsel an der Stelle x_0 von $+$ nach $-$

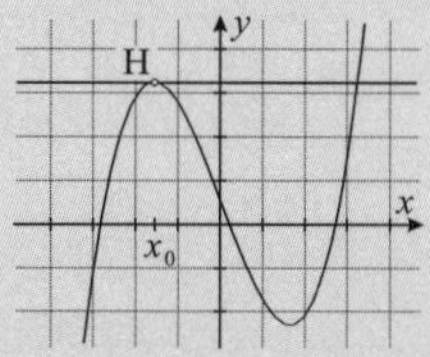

45

$f'(x_0) = 0$
und f' hat keinen Vorzeichenwechsel an der Stelle x_0

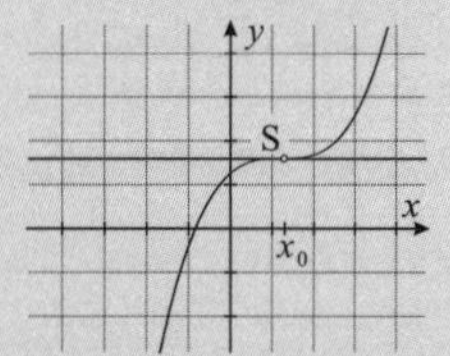

48

$f''(x_0) = 0$ und $f'''(x_0) \neq 0$
oder f'' hat einen Vorzeichenwechsel an der Stelle x_0

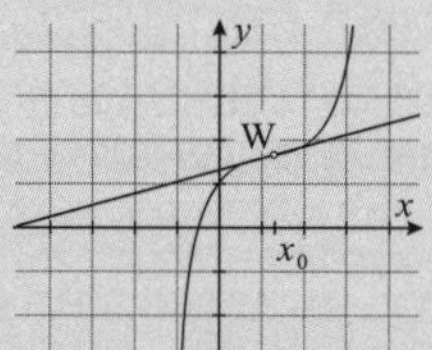

47

Welche Bedeutung haben die Parameter a, b, c und d bei der trigonometrischen Funktion $f(x) = a \cdot \sin(b \cdot (x - c)) + d$?

Wie erhält man die Periode p der trigonometrischen Funktion $f(x) = a \cdot \sin(b \cdot (x - c)) + d$?

Wie bestimmt man den Schnittpunkt zweier Kurven $f(x)$ und $g(x)$?

Wie lauten die Bedingungen, wenn sich zwei Kurven im Punkt B berühren?

Wie lauten die Bedingungen, wenn sich zwei Kurven senkrecht schneiden?

Wann ist die Funktion f streng monoton wachsend (bzw. fallend)?

Wie bestimmt man, ob eine Kurve links- oder rechtsgekrümmt ist?

Wie verläuft der Graph der Funktion $f(x) = x^2$?

Für die Periode p von
$f(x) = a \cdot \sin(b \cdot (x - c)) + d$ gilt:

$$p = \frac{2\pi}{|b|}$$

50

Der Graph der Grundfunktion

$$g(x) = \sin x$$

wird folgendermaßen verändert:

a: Streckung in y-Richtung mit Faktor a
($a < 0$: Spiegelung an der x-Achse)
b: Streckung in x-Richtung mit Faktor $\frac{1}{b}$
c: Verschiebung in x-Richtung um c
d: Verschiebung in y-Richtung um d

49

Die Funktionswerte und die Steigungen müssen im Berührpunkt B $(x_0 \mid f(x_0))$ gleich sein:

$f(x_0) = g(x_0)$ und $f'(x_0) = g'(x_0)$

52

Um den Schnittpunkt zweier Kurven $f(x)$ und $g(x)$ zu bestimmen, werden die Funktionsgleichungen gleichgesetzt und anschließend nach x aufgelöst:

$$f(x) = g(x)$$

51

streng monoton wachsend: $f'(x) > 0$
(streng monoton fallend: $f'(x) < 0$)

54

Im Schnittpunkt muss die Steigung der einen Kurve der negative Kehrwert der Steigung der anderen Kurve sein:

$f(x_0) = g(x_0)$ und $f'(x_0) = -\frac{1}{g'(x_0)}$

53

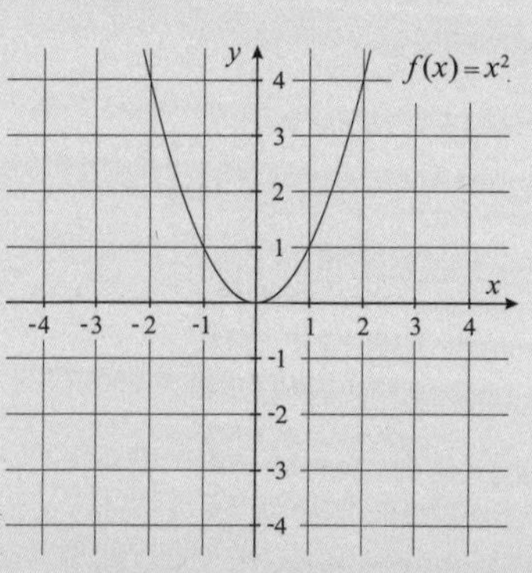

56

Eine Kurve ist in einem Intervall linksgekrümmt, wenn ihre zweite Ableitung dort größer als Null ist:

$$f''(x) > 0$$

Sie ist rechtsgekrümmt, wenn ihre zweite Ableitung dort kleiner als Null ist:

$$f''(x) < 0$$

55

Wie verläuft der Graph der Funktion
$f(x) = x^3$?

Wie verläuft der Graph der Funktion
$f(x) = \frac{1}{x}$?

Wie verläuft der Graph der Funktion
$f(x) = \frac{1}{x^2}$?

Wie verläuft der Graph der Funktion
$f(x) = e^x$?

Wie verläuft der Graph der Funktion
$f(x) = e^{-x}$?

Wie verläuft der Graph der Funktion
$f(x) = \sin x$?

Wie verläuft der Graph der Funktion
$f(x) = \cos x$?

Welche Bedingung gilt für eine
Stammfunktion von $f(x)$?

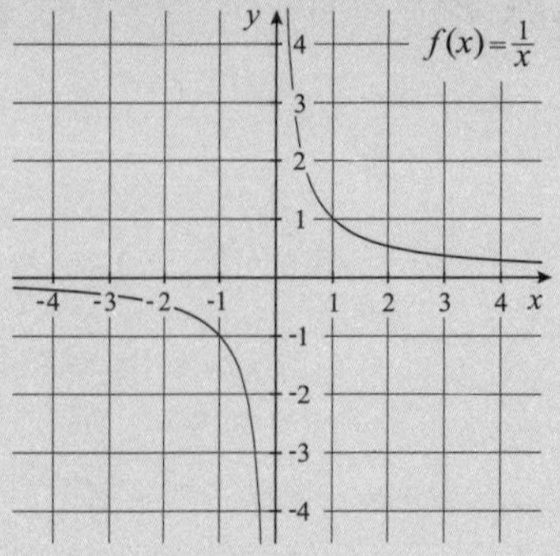

58

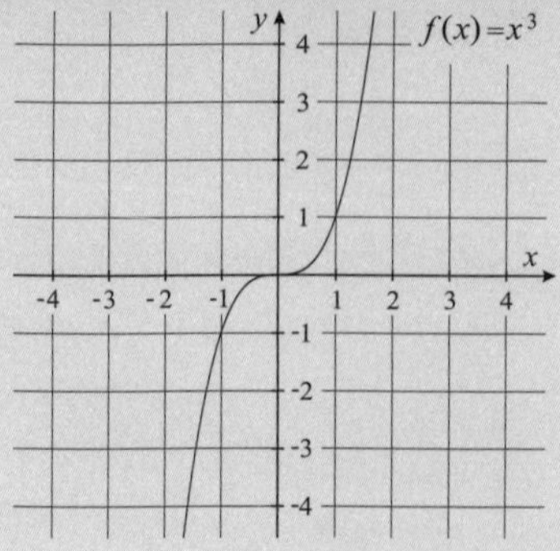

57

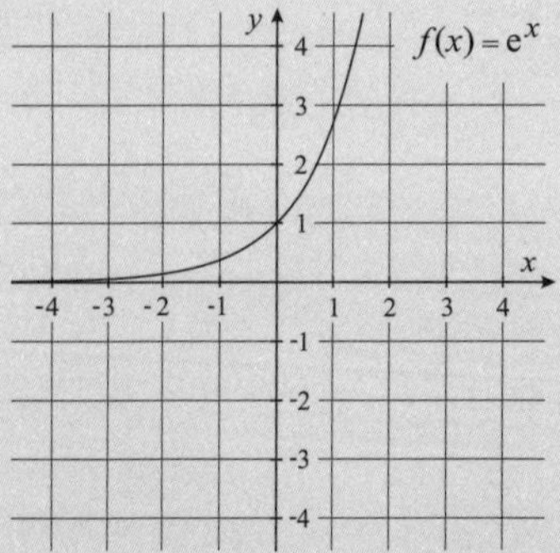

60

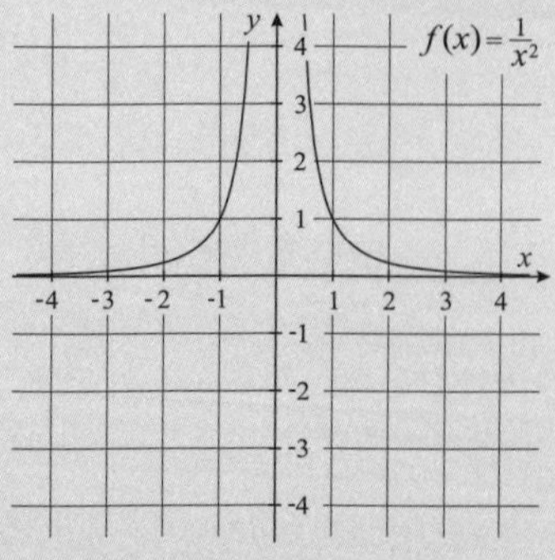

59

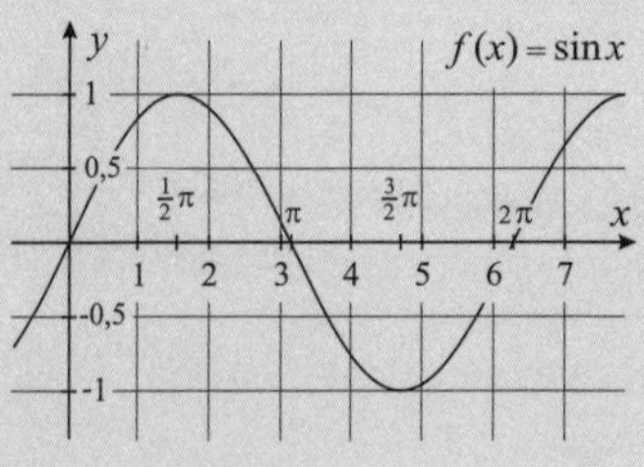

62

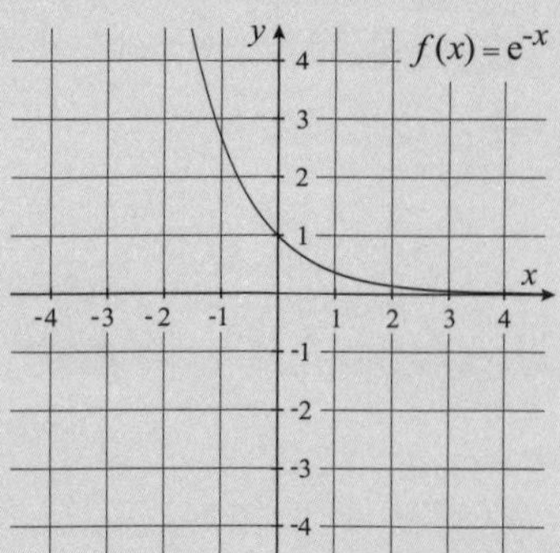

61

Die 1. Ableitung der Stammfunktion $\mathrm{F}(x)$ ergibt $f(x)$:

$$\mathrm{F}'(x) = f(x)$$

64

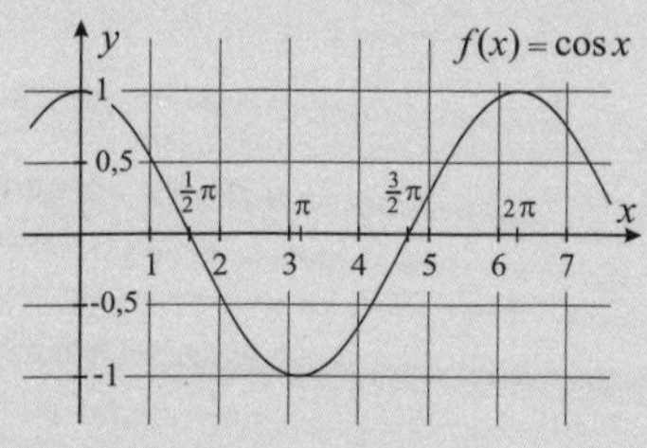

63

Wie lautet eine Stammfunktion zu
$f(x) = x^r$?

Wie lautet eine Stammfunktion zu
$f(x) = a \cdot x^r$?

Wie lautet eine Stammfunktion zu
$f(x) = e^x$?

Wie lautet eine Stammfunktion zu
$f(x) = a \cdot e^{k \cdot x + b}$?

Wie lautet eine Stammfunktion zu
$f(x) = \sin x$?

Wie lautet eine Stammfunktion zu
$f(x) = a \cdot \sin(k \cdot x + b)$?

Wie lautet eine Stammfunktion zu
$f(x) = \cos x$?

Wie lautet eine Stammfunktion zu
$f(x) = a \cdot \cos(k \cdot x + b)$?

$F(x) = \frac{a}{r+1} \cdot x^{r+1} + c$

Bedingung: $r \neq -1$

66

$F(x) = \frac{1}{r+1} \cdot x^{r+1} + c$

Bedingung: $r \neq -1$

65

$F(x) = \frac{a}{k} \cdot e^{k \cdot x + b} + c$

68

$F(x) = e^x + c$

67

$F(x) = -\frac{a}{k} \cdot \cos(k \cdot x + b) + c$

70

$F(x) = -\cos x + c$

69

$F(x) = \frac{a}{k} \cdot \sin(k \cdot x + b) + c$

72

$F(x) = \sin x + c$

71

Wie kann man aus der Änderungsrate die Funktion bestimmen?

Wie berechnet man den Flächeninhalt zwischen einer Kurve und der x-Achse über dem Intervall $[a, b]$?

Wie berechnet man den Flächeninhalt zwischen zwei Kurven?

Wie berechnet man das Integral $\int_a^b f(x)\,\mathrm{d}x$?

Um die Funktion $f(x)$ aus der Änderungsrate $f'(x)$ zu bestimmen, muss man eine allgemeine Stammfunktion von $f'(x)$ bestimmen und Nebenbedingungen beachten.

76

Verläuft die Kurve oberhalb der x-Achse, so gilt:

$$A = \int_a^b f(x)\,dx$$

Verläuft die Kurve unterhalb der x-Achse, so gilt:

$$A = \int_a^b \left(0 - f(x)\right) dx = -\int_a^b f(x)\,dx$$

75

$$A = \int_{x_1}^{x_2} (f(x) - g(x))\,dx$$

x_1, x_2: Schnittstellen von $f(x) = g(x)$

Kurve von f ist oberhalb der Kurve von g

74

$$\int_a^b f(x)\,dx = \Big[F(x)\Big]_a^b = F(b) - F(a)$$

mit $F'(x) = f(x)$

(Hauptsatz der Differential- und Integralrechnung)

73

Flächen und Volumen

Wie berechnet man das Volumen eines Würfels bzw. eines Quaders?

BF www.Freiburger-Verlag.de 1

Flächen und Volumen

Wie berechnet man das Volumen eines Prismas bzw. eines Zylinders?

BF www.Freiburger-Verlag.de 2

Flächen und Volumen

Wie berechnet man das Volumen einer Pyramide bzw. eines Kegels?

BF www.Freiburger-Verlag.de 3

Flächen und Volumen

Wie berechnet man den Flächeninhalt und den Umfang eines Kreises?

BF www.Freiburger-Verlag.de 4

Flächen und Volumen

Wie berechnet man den Flächeninhalt eines Rechtecks bzw. eines Parallelogramms?

BF www.Freiburger-Verlag.de 5

Flächen und Volumen

Wie berechnet man den Flächeninhalt eines Dreiecks?

BF www.Freiburger-Verlag.de 6

Flächen und Volumen

Wie berechnet man den Flächeninhalt eines Trapezes?

BF www.Freiburger-Verlag.de 7

Dreiecksberechnungen

Wie lautet der Satz des Pythagoras?

BF www.Freiburger-Verlag.de 8

Prisma: $V = G \cdot h$

G: Grundfläche

h: Prismenhöhe

Zylinder: $V = G \cdot h = \pi \cdot r^2 \cdot h$

G: Grundfläche

r: Radius der Grundfläche

h: Zylinderhöhe

2

Würfel: $V = a^3$

Quader: $V = a \cdot b \cdot c$

a, b, c: Kantenlängen

1

Fläche: $A = \pi \cdot r^2$

Umfang: $U = 2 \cdot \pi \cdot r = \pi \cdot d$

4

Pyramide: $V = \frac{1}{3} \cdot G \cdot h$

G: Grundfläche

h: Pyramidenhöhe

Kegel: $V = \frac{1}{3} \cdot G \cdot h = \frac{1}{3} \cdot \pi \cdot r^2 \cdot h$

G: Grundfläche

h: Kegelhöhe

3

$A = \frac{1}{2} \cdot g \cdot h$

g: Grundseite

h: Höhe

6

Rechteck: $A = a \cdot b$

a, b: Seitenlängen

Parallelogramm: $A = g \cdot h$

g: Grundseite

h: Höhe

5

Im rechtwinkligen Dreieck gilt:
Das Hypotenusenquadrat ist gleich groß
wie die Summe der Kathetenquadrate:

$c^2 = a^2 + b^2$

(falls c die Hypotenuse ist)

8

$A = \frac{a+c}{2} \cdot h$

a, c: parallele Seiten

h: Trapezhöhe

7

Wie bestimmt man den Mittelpunkt M zwischen den Punkten $A(a_1 \mid a_2 \mid a_3)$ und $B(b_1 \mid b_2 \mid b_3)$?

Wie bestimmt man den Verbindungsvektor von $A(a_1 \mid a_2 \mid a_3)$ zu $B(b_1 \mid b_2 \mid b_3)$?

Wie berechnet man die Länge (den Betrag) eines Vektors $\vec{a} = \begin{pmatrix} a_1 \\ a_2 \\ a_3 \end{pmatrix}$?

Wie bestimmt man das Skalarprodukt der Vektoren

$\vec{a} = \begin{pmatrix} a_1 \\ a_2 \\ a_3 \end{pmatrix}$ und $\vec{b} = \begin{pmatrix} b_1 \\ b_2 \\ b_3 \end{pmatrix}$?

Wie erkennt man, dass Vektor $\vec{a}$ orthogonal (senkrecht) zu Vektor $\vec{b}$ ist?

Wann liegt ein Punkt P zwischen zwei Punkten A und B?

Wie berechnet man den Winkel φ zwischen den Vektoren $\vec{a}$ und $\vec{b}$?

Wie erhält man einen Vektor $\vec{c}$, der orthogonal zu den Vektoren $\vec{a}$ und $\vec{b}$ ist?

$$\overrightarrow{AB} = \vec{b} - \vec{a} = \begin{pmatrix} b_1 - a_1 \\ b_2 - a_2 \\ b_3 - a_3 \end{pmatrix}$$

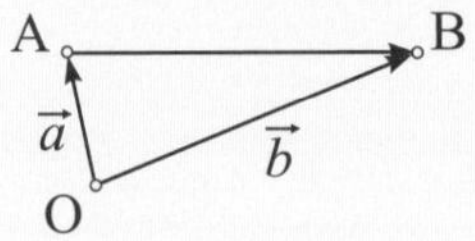

10

$$M\left(\frac{a_1+b_1}{2} \mid \frac{a_2+b_2}{2} \mid \frac{a_3+b_3}{2}\right)$$

9

$$\vec{a} \cdot \vec{b} = \begin{pmatrix} a_1 \\ a_2 \\ a_3 \end{pmatrix} \cdot \begin{pmatrix} b_1 \\ b_2 \\ b_3 \end{pmatrix}$$
$$= a_1 \cdot b_1 + a_2 \cdot b_2 + a_3 \cdot b_3$$

12

$$|\vec{a}| = \sqrt{a_1^2 + a_2^2 + a_3^2}$$

11

Wenn ein Punkt P zwischen A und B liegt, muss gelten:

$$\vec{p} = \vec{a} + t \cdot \overrightarrow{AB} \text{ mit } 0 < t < 1$$

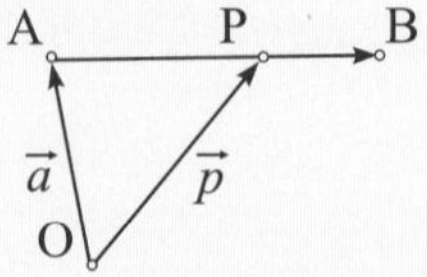

14

Wenn $\vec{a}$ orthogonal zu $\vec{b}$ ist, so ist das Skalarprodukt gleich Null:

$$\vec{a} \perp \vec{b} \Leftrightarrow \vec{a} \cdot \vec{b} = 0$$

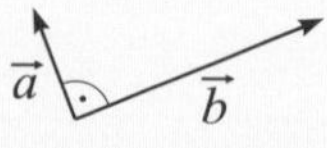

13

Mithilfe des Vektorprodukts (Kreuzprodukts):

$$\vec{c} = \vec{a} \times \vec{b} = \begin{pmatrix} a_2 b_3 - a_3 b_2 \\ a_3 b_1 - a_1 b_3 \\ a_1 b_2 - a_2 b_1 \end{pmatrix}$$

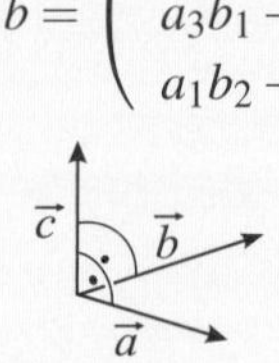

16

Den Winkel φ zwischen den beiden Vektoren $\vec{a}$ und $\vec{b}$ erhält man durch:

$$\cos(\varphi) = \frac{\vec{a} \cdot \vec{b}}{|\vec{a}| \cdot |\vec{b}|}$$

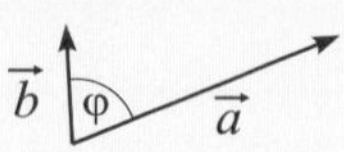

15

Punkte und Vektoren

Wie kann man die Fläche eines Parallelogramms ABCD mithilfe des Vektorprodukts berechnen?

Punkte und Vektoren

Wie kann man die Fläche eines Dreiecks ABC mithilfe des Vektorprodukts berechnen?

Punkte und Vektoren

Wie normiert man einen Vektor $\vec{a}$ auf die Länge 1?

Geraden

Wie lautet die Gleichung einer Geraden, die durch den Punkt P geht, in Parameterform?

Geraden

Wie kann man prüfen, ob ein Punkt Q auf einer Geraden $g\colon\ \vec{x} = \vec{p} + r \cdot \vec{u}$ liegt?

Geraden

Wann sind die Geraden g und h parallel?

Geraden

Wann sind die Geraden g und h orthogonal?

Geraden

Wie können zwei Geraden im Raum zueinander liegen?

Die Fläche eines Dreiecks ABC wird mithilfe des Vektorprodukts wie folgt berechnet:

$$A_{ABC} = \frac{1}{2} \cdot |\overrightarrow{AB} \times \overrightarrow{AC}|$$

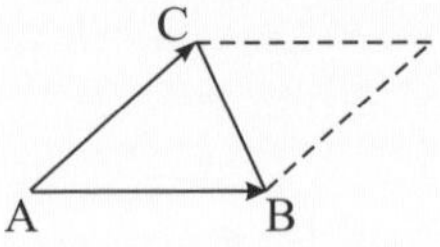

18

Die Fläche eines Parallelogramms ABCD wird mithilfe des Vektorprodukts wie folgt berechnet:

$$A_{ABCD} = |\overrightarrow{AB} \times \overrightarrow{AD}|$$

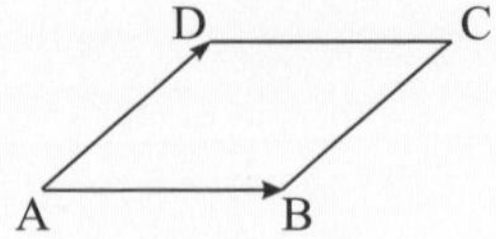

17

Geradengleichung in Parameterform:

$$g\colon \vec{x} = \vec{p} + r \cdot \vec{u}\,;\ r \in \mathbb{R}$$

$\vec{p}$: Stützvektor, $\vec{u}$: Richtungsvektor

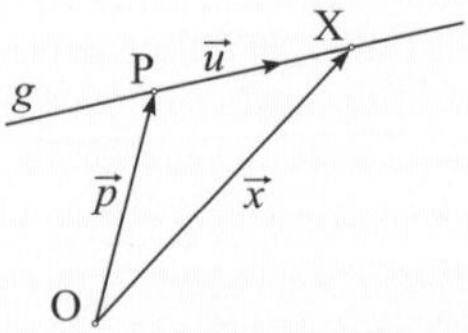

20

Ein Vektor wird auf die Länge 1 normiert, indem er durch seinen Betrag geteilt wird:

$$\overrightarrow{a_0} = \frac{1}{|\vec{a}|} \cdot \vec{a}$$

19

g und *h* sind parallel, wenn der eine Richtungsvektor ein Vielfaches des anderen ist:

$$\overrightarrow{u_1} = k \cdot \overrightarrow{u_2};\ k \in \mathbb{R} \setminus \{0\}$$

und der Stützpunkt A von *g* nicht auf *h* liegt (Widerspruch bei der Punktprobe)

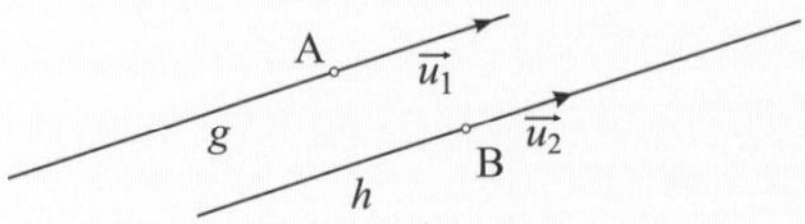

22

Punktprobe:

Man setzt den Ortsvektor von Q in die Geradengleichung ein:

$$\vec{q} = \vec{p} + r \cdot \vec{u}$$

Das zugehörige LGS wird zeilenweise nach *r* aufgelöst. Bei eindeutigem Parameter *r* liegt Q auf *g*, bei einem Widerspruch liegt Q nicht auf *g*.

21

Zwei Geraden können parallel oder identisch sein, einen Schnittpunkt besitzen oder windschief sein.

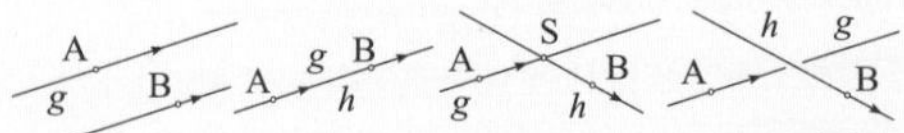

$g \parallel h$ $g = h$ $g \cap h = S$ *g* und *h* windschief

24

g und *h* sind orthogonal, wenn sie sich schneiden und das Skalarprodukt der Richtungsvektoren Null ist:

$$\overrightarrow{u_1} \cdot \overrightarrow{u_2} = 0$$

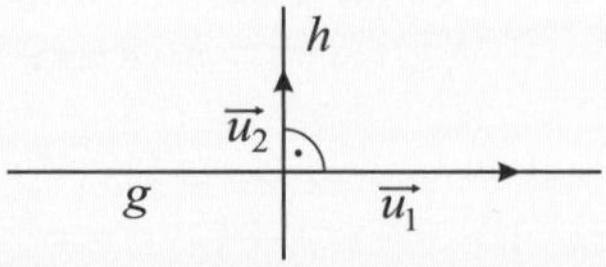

23

Wie kann die gegenseitige Lage von zwei Geraden g und h bestimmt werden?

Wie lauten die Geradengleichungen der Koordinatenachsen?

Wie lautet die Gleichung einer Ebene E, die den Punkt P enthält, in Parameterform?

Wie stellt man eine Ebene in Parameterform auf, wenn drei in der Ebene liegende Punkte A, B und C gegeben sind?

Wie stellt man eine Ebene E in Parameterform auf, wenn ein Punkt P und eine Gerade g gegeben sind, die in der Ebene liegen?

Wie stellt man eine Ebene E in Parameterform auf, wenn zwei Geraden der Ebene gegeben sind, die sich schneiden?

Wie stellt man eine Ebene E in Parameterform auf, wenn zwei Geraden der Ebene g und h gegeben sind, die parallel zueinander liegen?

Wie lautet die Koordinatengleichung einer Ebene?

x_1-Achse: $\vec{x} = \begin{pmatrix} 0 \\ 0 \\ 0 \end{pmatrix} + t \cdot \begin{pmatrix} 1 \\ 0 \\ 0 \end{pmatrix}, t \in \mathbb{R}$

x_2-Achse: $\vec{x} = \begin{pmatrix} 0 \\ 0 \\ 0 \end{pmatrix} + t \cdot \begin{pmatrix} 0 \\ 1 \\ 0 \end{pmatrix}, t \in \mathbb{R}$

x_3-Achse: $\vec{x} = \begin{pmatrix} 0 \\ 0 \\ 0 \end{pmatrix} + t \cdot \begin{pmatrix} 0 \\ 0 \\ 1 \end{pmatrix}, t \in \mathbb{R}$

26

Zuerst prüfen, ob die Richtungsvektoren Vielfache voneinander sind:

Vielfache $\Rightarrow$ g und h sind parallel oder identisch; dann prüfen, ob der Stützpunkt der einen Geraden auf der anderen Geraden liegt.

Keine Vielfache $\Rightarrow$ g und h sind windschief oder schneiden sich; dazu Geradengleichungen gleichsetzen und das entstandene Gleichungssystem lösen.

25

Stützvektor: Ortsvektor von Punkt A,
Spannvektoren: Verbindungsvektoren $\overrightarrow{AB}$ und $\overrightarrow{AC}$

$E: \vec{x} = \vec{a} + s \cdot \overrightarrow{AB} + t \cdot \overrightarrow{AC}\,;\; s, t \in \mathbb{R}$

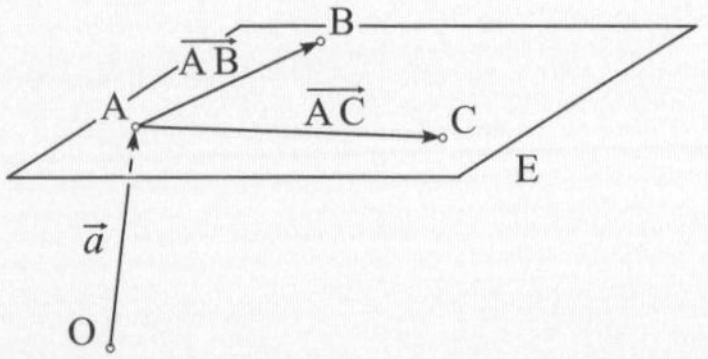

28

Ebenengleichung in Parameterform:

$E: \vec{x} = \vec{p} + r \cdot \vec{u} + s \cdot \vec{v}\,;\; r, s \in \mathbb{R}$

Stützvektor: $\vec{p}$, Spannvektoren: $\vec{u}$, $\vec{v}$

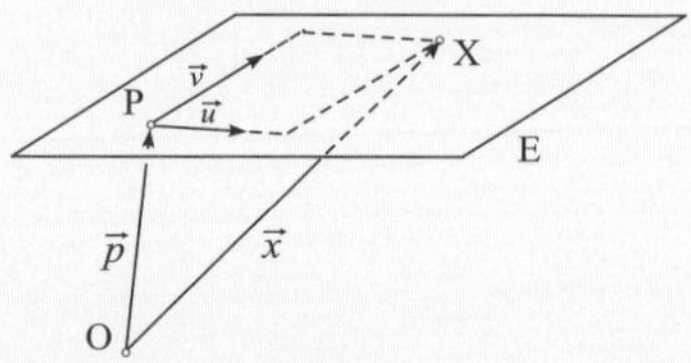

27

Stützpunkt der Ebene: A, B oder Schnittpunkt S,
Spannvektoren: Richtungsvektoren $\vec{u_1}$ und $\vec{u_2}$

$E: \vec{x} = \vec{s} + t \cdot \vec{u}_1 + r \cdot \vec{u}_2\,;\; t, r \in \mathbb{R}$

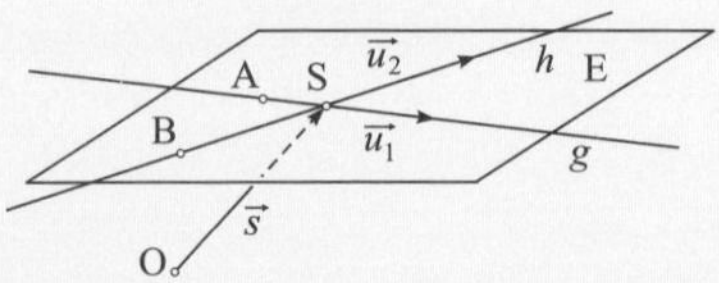

30

Stützpunkt der Ebene: Stützpunkt A der Geraden g,
Spannvektoren: Richtungsvektor $\vec{u}$ der Geraden und Verbindungsvektor $\overrightarrow{AP}$

$E: \vec{x} = \vec{a} + s \cdot \overrightarrow{AP} + t \cdot \vec{u}\,;\; s, t \in \mathbb{R}$

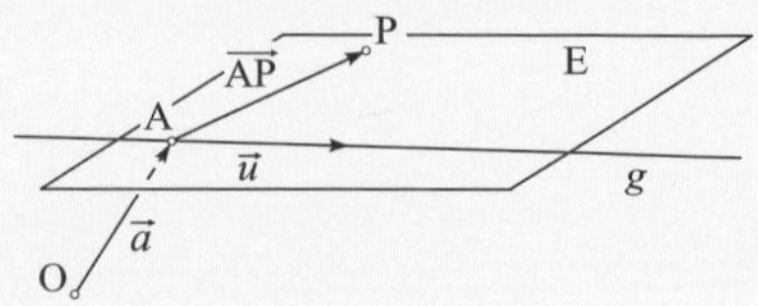

29

$E: ax_1 + bx_2 + cx_3 = d$

Normalenvektor: $\vec{n} = \begin{pmatrix} a \\ b \\ c \end{pmatrix}$

32

Stützpunkt der Ebene: Stützpunkt einer Geraden
Spannvektoren: Richtungsvektor $\vec{u}$ von g oder h *und* Verbindungsvektor der beiden Stützpunkte A und B

$E: \vec{x} = \vec{a} + s \cdot \overrightarrow{AB} + t \cdot \vec{u}\,;\; s, t \in \mathbb{R}$

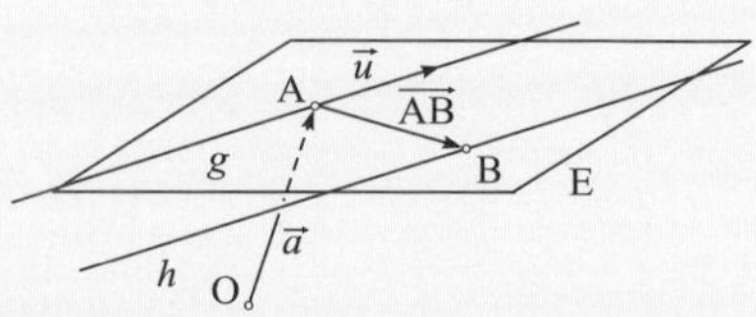

31

Wie kann man prüfen, ob ein Punkt Q in einer Ebene E:

$\vec{x} = \vec{p} + r \cdot \vec{u} + s \cdot \vec{v};\ r, s \in \mathbb{R}$

liegt?

Wie kann man prüfen, ob ein Punkt Q in einer Ebene E:

$ax_1 + bx_2 + cx_3 = d$

liegt?

Wie wandelt man die Parameterform einer Ebene in die Koordinatengleichung um?

Wie lauten die Koordinatengleichungen der Koordinatenebenen?

Mithilfe welcher Punkte kann man eine Ebene E in einem Koordinatensystem geschickt darstellen?

Wie können zwei Ebenen im Raum zueinander liegen?

Wann sind die Ebenen E_1 und E_2 echt parallel?

Wann sind die Ebenen E_1 und E_2 orthogonal?

Punktprobe:

Man setzt die Koordinaten von Q in die Ebenengleichung ein:

$$a \cdot q_1 + b \cdot q_2 + c \cdot q_3 = d$$

Bei einer wahren Aussage liegt Q in E, bei einem Widerspruch liegt Q nicht in E.

34

Punktprobe:

Man setzt den Ortsvektor von Q in die Ebenengleichung ein:

$$\vec{q} = \vec{p} + r \cdot \vec{u} + s \cdot \vec{v}$$

Nun löst man das zugehörige LGS. Ist es lösbar, liegt Q in E, bei einem Widerspruch liegt Q nicht in E.

33

x_1x_2-Ebene: $x_3 = 0$

x_1x_3-Ebene: $x_2 = 0$

x_2x_3-Ebene: $x_1 = 0$

36

1. Normalenvektor mithilfe der Spannvektoren bestimmen: $\vec{u} \times \vec{v} \Rightarrow \vec{n}$
2. Normalenvektor in die Koordinatenform einsetzen:

   E: $ax_1 + bx_2 + cx_3 = d$
3. Stützpunkt einsetzen und d bestimmen

35

Zwei Ebenen können sich schneiden, identisch sein, oder parallel zueinander liegen.

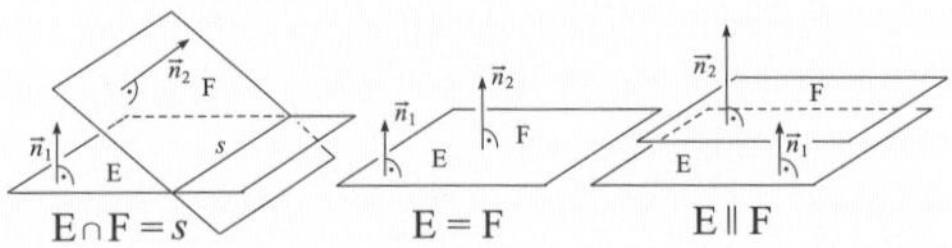

38

Man kann eine Ebene E meist mithilfe der Spurpunkte (Schnittpunkte von E mit den Koordinatenachsen) darstellen.

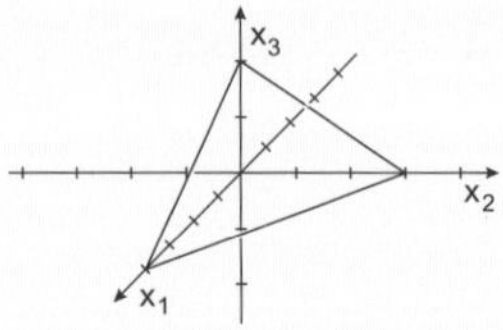

37

E_1 und E_2 sind orthogonal, wenn das Skalarprodukt ihrer Normalenvektoren Null ist: $E_1 \perp E_2$: $\vec{n_1} \cdot \vec{n_2} = 0$

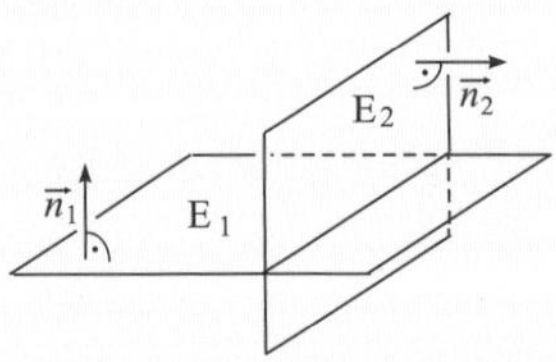

40

E_1 und E_2 sind echt parallel, wenn ihre Normalenvektoren Vielfache voneinander sind:

$E_1 \parallel E_2$: $\vec{n_1} = k \cdot \vec{n_2}$; $k \in \mathbb{R} \setminus \{0\}$

und ein Punkt A von E_1 nicht in E_2 liegt (Widerspruch bei der Punktprobe).

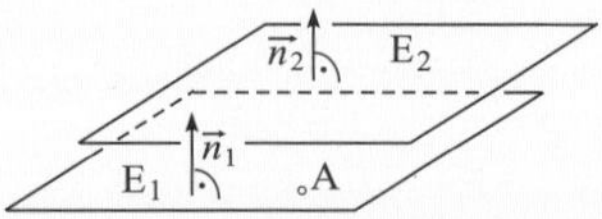

39

Ebenen

Wie bestimmt man die gegenseitige Lage von zwei Ebenen in Koordinatenform?

BF www.Freiburger-Verlag.de 41

Geraden und Ebenen

Wie können eine Gerade und eine Ebene im Raum zueinander liegen?

BF www.Freiburger-Verlag.de 42

Geraden und Ebenen

Wie erkennt man, dass eine Ebene E und eine Gerade g (echt) parallel sind?

BF www.Freiburger-Verlag.de 43

Geraden und Ebenen

Wie erkennt man, dass eine Ebene E und eine Gerade g orthogonal sind?

BF www.Freiburger-Verlag.de 44

Geraden und Ebenen

Wie bestimmt man die gegenseitige Lage einer Geraden g und einer Ebene E in Koordinatenform?

BF www.Freiburger-Verlag.de 45

Abstände

Wie berechnet man den Abstand d zweier Punkte $A(a_1 \mid a_2 \mid a_3)$ und $B(b_1 \mid b_2 \mid b_3)$?

BF www.Freiburger-Verlag.de 46

Abstände

Wie berechnet man den Abstand eines Punktes $Q(q_1 \mid q_2 \mid q_3)$ zu einer Ebene

$$E\colon ax_1 + bx_2 + cx_3 = d$$

mithilfe der Abstandsformel?

BF www.Freiburger-Verlag.de 47

Abstände

Wie berechnet man den Abstand eines Punktes $Q(q_1 \mid q_2 \mid q_3)$ zu einer Ebene mit einer Hilfsgerade?

$$E\colon ax_1 + bx_2 + cx_3 = d$$

BF www.Freiburger-Verlag.de 48

Die Gerade kann die Ebene schneiden, sie kann (echt) parallel zu ihr liegen oder in der Ebene liegen.

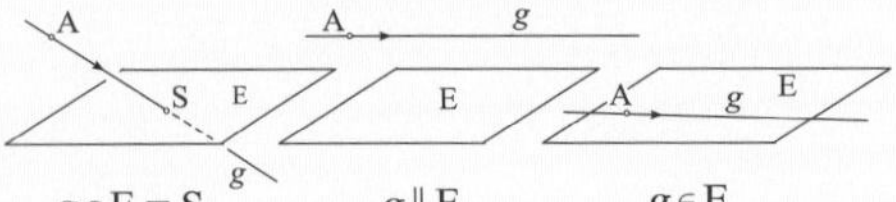

$g \cap E = S$ $\quad g \parallel E$ $\quad g \in E$

42

1. Man bestimmt die beiden Normalenvektoren $\vec{n_1}$ und $\vec{n_2}$
2. Sind diese kein Vielfaches voneinander, schneiden sich die beiden Ebenen.
3. Sind sie ein Vielfaches voneinander, sind die beiden Ebenen parallel oder identisch.

41

E und g sind orthogonal, wenn der Normalenvektor der Ebene und der Richtungsvektor der Geraden ein Vielfaches voneinander sind:

$$\vec{n} = k \cdot \vec{u};\; k \in \mathbb{R} \setminus \{0\}$$

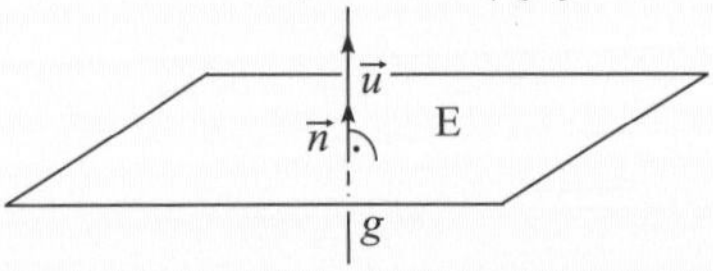

44

E und g sind parallel, wenn das Skalarprodukt von Normalenvektor und Richtungsvektor Null ist:

$$\vec{n} \cdot \vec{u} = 0$$

und der Stützpunkt P von g nicht in E liegt (Widerspruch bei der Punktprobe).

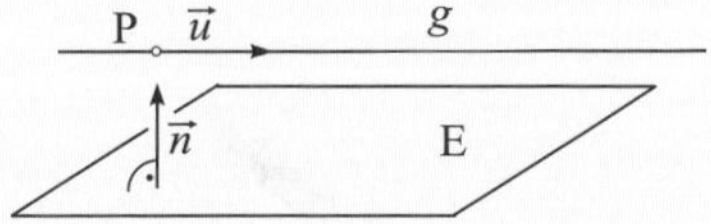

43

$$d(A; B) = \left|\overrightarrow{AB}\right| = \sqrt{(b_1 - a_1)^2 + (b_2 - a_2)^2 + (b_3 - a_3)^2}$$

46

Die Gerade g wird als «allgemeiner Punkt» geschrieben, in E eingesetzt und die Gleichung nach dem Parameter der Geraden gelöst. Dabei können drei Fälle auftreten:

1. Eine eindeutige Lösung: g schneidet E.
2. Widerspruch (z.B. $3 = 0$): g liegt parallel zu E.
3. Wahre Aussage (z.B. $0 = 0$): g liegt in E.

45

1. Lotgerade l senkrecht zu E durch Q aufstellen: Normalenvektor von E ist Richtungsvektor von l.
2. l mit E schneiden ergibt den Lotfußpunkt S.
3. $|\overrightarrow{SQ}|$ ist der Abstand des Punktes Q zur Ebene E.

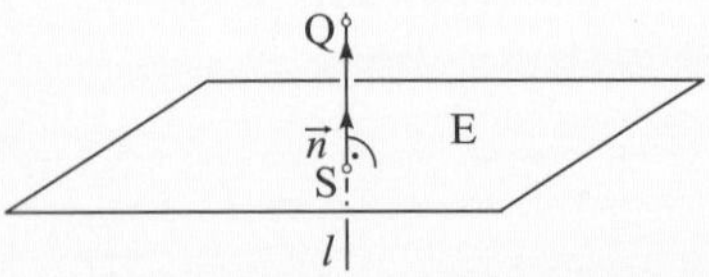

48

Mithilfe der Abstandsformel ergibt sich:

$$d(Q; E) = \left| \frac{aq_1 + bq_2 + cq_3 - d}{\sqrt{a^2 + b^2 + c^2}} \right|$$

47

Abstände ■ ■

Wie berechnet man den Abstand zweier paralleler Ebenen E_1 und E_2?

BF www.Freiburger-Verlag.de 49

Abstände ■ ■

Wie berechnet man den Abstand einer Geraden g zu einer parallelen Ebene E?

BF www.Freiburger-Verlag.de 50

Abstände ■ ■

Wie bestimmt man die Höhe h einer Pyramide?

BF www.Freiburger-Verlag.de 51

Winkel ■ ■

Wie berechnet man den Schnittwinkel zweier Geraden g und h?

BF www.Freiburger-Verlag.de 52

Winkel ■ ■

Wie berechnet man den Schnittwinkel zwischen den Ebenen E_1 und E_2?

BF www.Freiburger-Verlag.de 53

Winkel ■ ■

Wie berechnet man den Schnittwinkel einer Geraden g und einer Ebene E?

BF www.Freiburger-Verlag.de 54

Spiegelungen ■ ■

Wie spiegelt man einen Punkt P an einem Punkt Q?

BF www.Freiburger-Verlag.de 55

Spiegelungen ■ ■

Wie spiegelt man einen Punkt P an einer Ebene E?

BF www.Freiburger-Verlag.de 56

Der Abstand von g zu E wird berechnet, indem man den Abstand des Stützpunktes A von g zur Ebene E berechnet. Dies geschieht mithilfe der Abstandsformel oder des Lotfußpunktverfahrens.

50

Der Abstand zweier paralleler Ebenen wird berechnet, indem man den Abstand eines Punktes P von E_1 zur Ebene E_2 berechnet; mithilfe der Abstandsformel oder des Lotfußpunktverfahrens.

49

Den Schnittwinkel (spitzer Winkel) zwischen zwei Geraden erhält man durch:

$$\cos(\varphi) = \frac{|\overrightarrow{u_1} \cdot \overrightarrow{u_2}|}{|\overrightarrow{u_1}| \cdot |\overrightarrow{u_2}|}$$

wobei $\overrightarrow{u_1}$ und $\overrightarrow{u_2}$ die Richtungsvektoren der Geraden sind.

52

Die Höhe h einer Pyramide erhält man, indem man den Abstand der Spitze S von der Ebene, in der die Grundfläche liegt, berechnet, z.B. mithilfe der Abstandsformel.

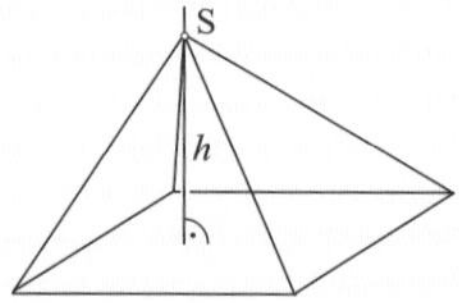

51

Den Schnittwinkel (spitzer Winkel) zwischen g und E erhält man durch:

$$\sin(\varphi) = \frac{|\vec{n} \cdot \vec{u}|}{|\vec{n}| \cdot |\vec{u}|}$$

wobei $\vec{n}$ der Normalenvektor der Ebene und $\vec{u}$ der Richtungsvektor der Geraden ist.

54

Den Schnittwinkel (spitzer Winkel) zwischen E_1 und E_2 erhält man durch:

$$\cos(\varphi) = \frac{|\overrightarrow{n_1} \cdot \overrightarrow{n_2}|}{|\overrightarrow{n_1}| \cdot |\overrightarrow{n_2}|}$$

wobei $\overrightarrow{n_1}$ und $\overrightarrow{n_2}$ die Normalenvektoren der beiden Ebenen sind.

53

1. Aufstellen einer zu E orthogonalen Lotgeraden l durch P ergibt $l\colon \vec{x} = \vec{p} + t \cdot \vec{n}$
2. Schnittpunkt S von l und E berechnen
3. P an S spiegeln: $\overrightarrow{OP^*} = \overrightarrow{OP} + 2 \cdot \overrightarrow{PS}$ ergibt P^*

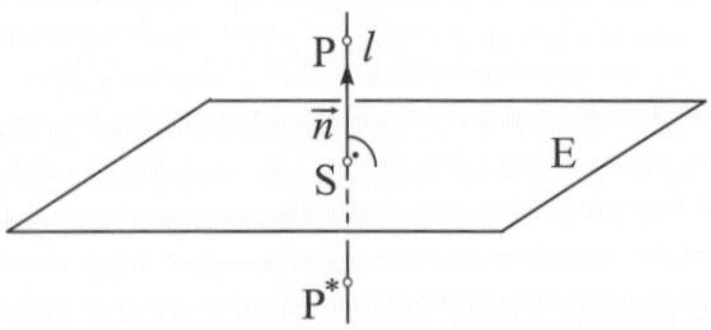

56

Für den Spiegelpunkt P^* gilt:

$$\overrightarrow{OP^*} = \overrightarrow{OP} + 2 \cdot \overrightarrow{PQ} \text{ oder } \overrightarrow{OP^*} = \overrightarrow{OQ} + \overrightarrow{PQ}$$

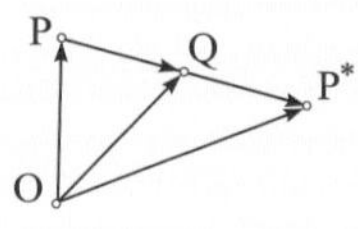

55

Wie spiegelt man eine Gerade
$g\colon x = \vec{p} + s \cdot \vec{u}$
an einem Punkt Q?

Wie spiegelt man eine Gerade g an einer Ebene E, wenn die Gerade parallel zur Ebene ist?

Wie spiegelt man eine Gerade g an einer Ebene E, wenn die Gerade die Ebene schneidet?

Wie spiegelt man eine Ebene E an einer Ebene F, wenn E und F parallel sind?

1. Aufstellen einer zu E orthogonalen Lotgeraden l durch den Stützpunkt A von g ergibt: $l: \vec{x} = \vec{a} + t \cdot \vec{n}$
2. Schnittpunkt S von l und E berechnen
3. A an S spiegeln: $\overrightarrow{OA^*} = \overrightarrow{OA} + 2 \cdot \overrightarrow{AS}$ ergibt A^*
4. Gleichung von $g^*: \vec{x} = \vec{a^*} + t \cdot \vec{u}$

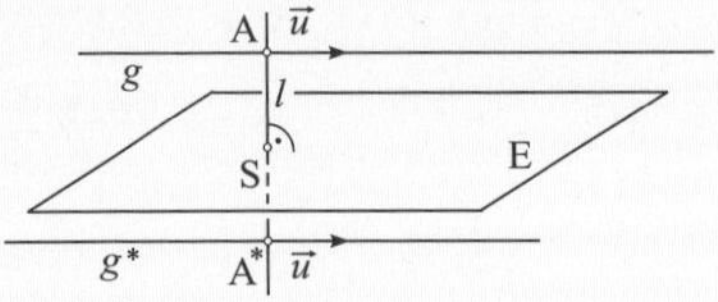

58

1. Den Stützvektor P an Q spiegeln:
$\overrightarrow{OP^*} = \overrightarrow{OP} + 2 \cdot \overrightarrow{PQ}$
2. Für die Spiegelgerade g^* gilt:
$g^*: \vec{x} = \vec{p^*} + s \cdot \vec{u}$

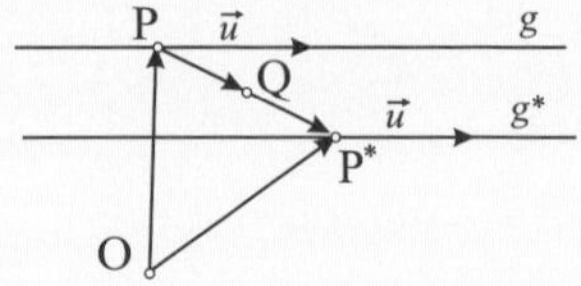

57

1. Aufstellen einer zur Ebene E orthogonalen Lotgeraden l durch einen Punkt A von E ergibt: $l: \vec{x} = \vec{a} + t \cdot \vec{n_E}$
2. Schnittpunkt S von l und F berechnen.
3. A an S spiegeln: $\overrightarrow{OA^*} = \overrightarrow{OA} + 2 \cdot \overrightarrow{AS}$ ergibt A^*
4. Gleichung von E^* mit A^* und $\vec{n_E}$ aufstellen

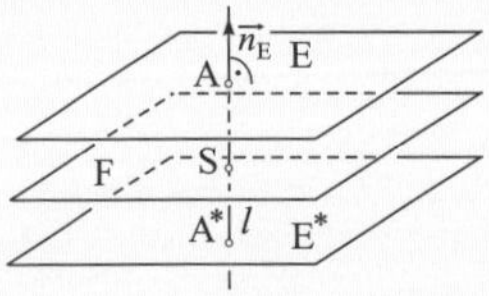

60

1. Schnittpunkt S von g und E bestimmen.
2. Lotgerade $l: \vec{x} = \vec{a} + t \cdot \vec{n}$ mit E schneiden ergibt F
3. A an F spiegeln: $\overrightarrow{OA^*} = \overrightarrow{OA} + 2 \cdot \overrightarrow{AF}$ ergibt A^*
4. Der Verbindungsvektor von S zu A^* ist der Richtungsvektor von $g^*: \vec{x} = \vec{a^*} + t \cdot \overrightarrow{SA^*}$

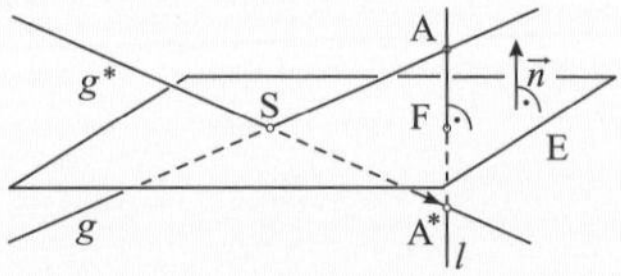

59

Wie lautet bei Baumdiagrammen die 1. Pfadregel (Produktregel)?

Wie lautet bei Baumdiagrammen die 2. Pfadregel (Summenregel)?

Was gilt beim «Ziehen mit Zurücklegen» für die Wahrscheinlichkeit bei jedem Zug?

Was gilt beim «Ziehen ohne Zurücklegen» für die Wahrscheinlichkeit bei jedem Zug?

Wie kann man die Wahrscheinlichkeit eines Ereignisses A mithilfe des Gegenereignisses $\overline{A}$ bestimmen?

Wann sind zwei Ereignisse A und B «stochastisch unabhängig»?

Was ist eine bedinge Wahrscheinlichkeit?

Welche Einträge gibt es in der Vierfeldertafel?

Summenregel:
Die Wahrscheinlichkeiten aller Pfade, die zu einem Ereignis gehören, werden addiert.

2

Produktregel:
Die Wahrscheinlichkeiten der zugehörigen Äste längs eines Pfades werden multipliziert.

1

Die Wahrscheinlichkeit für ein Ergebnis ändert sich bei jedem Zug.

4

Die Wahrscheinlichkeit für ein Ergebnis bleibt bei jedem Zug gleich.

3

Zwei Ereignisse A und B sind stochastisch unabhängig, wenn gilt:

$$P(A \cap B) = P(A) \cdot P(B)$$

6

$$P(A) = 1 - P(\overline{A})$$

5

	B	$\overline{B}$	
A	$P(A \cap B)$	$P(A \cap \overline{B})$	$P(A)$
$\overline{A}$	$P(\overline{A} \cap B)$	$P(\overline{A} \cap \overline{B})$	$P(\overline{A})$
	$P(B)$	$P(\overline{B})$	1

8

Die bedingte Wahrscheinlichkeit $P_B(A)$ ist die Wahrscheinlichkeit, dass das Ereignis A eintritt, unter der Bedingung, dass B (bereits vorher) eingetreten ist:

$$P_B(A) = \frac{P(A \cap B)}{P(B)}$$

7

Erwartungswert

Wie berechnet man den Erwartungswert einer Zufallsgröße X ?

BF www.Freiburger-Verlag.de 9

Erwartungswert

Wann ist ein Spiel fair?

BF www.Freiburger-Verlag.de 10

Erwartungswert

Was beschreibt die Standardabweichung σ einer Zufallsgröße X ?

BF www.Freiburger-Verlag.de 11

Erwartungswert

Wie berechnet man die Varianz einer Zufallsgröße X ?

BF www.Freiburger-Verlag.de 12

Binomialverteilung

Was ist ein Bernoulli-Experiment ?

BF www.Freiburger-Verlag.de 13

Binomialverteilung

Was ist eine Bernoulli-Kette der Länge n?

BF www.Freiburger-Verlag.de 14

Binomialverteilung

Wann ist eine Zufallsgröße X binomialverteilt?

BF www.Freiburger-Verlag.de 15

Binomialverteilung

Wie berechnet man den Binomialkoeffizienten?

BF www.Freiburger-Verlag.de 16

Ein Spiel ist fair, wenn für den Erwartungswert der Zufallsgröße X gilt:

$$E(X) = 0$$

10

Wenn eine Zufallsgröße X die Werte $x_1, x_2, ..., x_n$ annehmen kann, so ist der Erwartungswert dieser Zufallsgröße:

$$E(X) = x_1 \cdot P(X = x_1) + x_2 \cdot P(X = x_2) + ... \\ ... + x_n \cdot P(X = x_n)$$

9

Wenn eine Zufallsgröße X die Werte $x_1, x_2, ..., x_n$ annehmen kann, so ist die Varianz dieser Zufallsgröße:

$$V(X) = \left(x_1 - E(X)\right)^2 \cdot P(X = x_1) + \left(x_2 - E(X)\right)^2 \cdot P(X = x_2) + ... \\ ... + \left(x_n - E(X)\right)^2 \cdot P(X = x_n)$$

12

Die Standardabweichung σ gibt die Abweichung einer Zufallsgröße X von ihrem Erwartungswert $E(X)$ an, sie ist damit ein Maß für die Streuung um den Erwartungswert.

11

Wenn man ein Bernoulli-Experiment n-mal hintereinander ausführt, wird dies als Bernoulli-Kette der Länge n bezeichnet.

14

Ein Bernoulli-Experiment ist ein Zufallsexperiment, das genau zwei Ergebnisse hat, z.B. der Münzwurf mit den Ergebnissen «Kopf» und «Zahl».

13

Der Binomialkoeffizient «n über k» wird mithilfe der folgenden Formel berechnet:

$$\binom{n}{k} = \frac{n!}{(n-k)! \cdot k!}$$

16

Eine Zufallsgröße X ist binomialverteilt, wenn ihr eine Bernoullikette mit der Länge n und der Trefferwahrscheinlichkeit p zugrunde liegt.

15

Wie bestimmt man bei einer binomialverteilten Zufallsgröße X die Wahrscheinlichkeit, dass es genau k Treffer gibt?

Wie bestimmt man bei einer binomialverteilten Zufallsgröße X die Wahrscheinlichkeit, dass es höchstens k Treffer gibt?

Wie bestimmt man bei einer binomialverteilten Zufallsgröße X die Wahrscheinlichkeit, dass es mindestens k Treffer gibt?

Wie bestimmt man bei einer binomialverteilten Zufallsgröße X die Wahrscheinlichkeit, dass es weniger als k Treffer gibt?

Wie bestimmt man bei einer binomialverteilten Zufallsgröße X die Wahrscheinlichkeit, dass es mehr als k Treffer gibt?

Wie bestimmt man bei einer binomialverteilten Zufallsgröße X die Wahrscheinlichkeit, dass es mindestens k_1 und höchstens k_2 Treffer gibt?

Wie berechnet man den Erwartungswert μ einer binomialverteilten Zufallsgröße X mit den Parametern n und p?

Wie berechnet man die Standardabweichung σ einer binomialverteilten Zufallsgröße mit den Parametern n und p?

$$P(X \leqslant k) = P(X = 0) + P(X = 1) + \ldots + P(X = k)$$

18

$$P(X = k) = \binom{n}{k} \cdot p^k \cdot (1 - p)^{n-k}$$

17

$$P(X < k) = P(X \leqslant k - 1)$$

20

$$P(X \geqslant k) = P(X = k) + P(X = k + 1) + \ldots + P(X = n)$$

oder

$$P(X \geqslant k) = 1 - P(X \leqslant k - 1)$$

19

$$P(k_1 \leqslant X \leqslant k_2)$$
$$= P(X \leqslant k_2) - P(X \leqslant k_1 - 1)$$

22

$$P(X > k) = 1 - P(X \leqslant k)$$

21

Die Standardabweichung einer binomialverteilten Zufallsgröße ist:

$$\sigma = \sqrt{n \cdot p \cdot (1 - p)}$$

24

Wenn die Zufallsgröße X binomialverteilt ist, dann hat X den Erwartungswert:

$$E(X) = \mu = n \cdot p$$

23

Wie sieht die Glockenkurve einer normalverteilten Zufallsgröße aus?

An welcher Stelle befindet sich das Maximum einer normalverteilten Zufallsgröße?

An welcher Stelle hat die Glockenkurve einer normalverteilten Zufallsgröße ihre Wendestellen?

Wie groß ist das Maximum einer normalverteilten Zufallsgröße?

Wie bestimmt man mithilfe der Glockenkurve bei einer normalverteilten Zufallsgröße die Wahrscheinlichkeit $P(X < k)$ bzw. $P(X \leqslant k)$?

Wie bestimmt man mithilfe der Glockenkurve bei einer normalverteilten Zufallsgröße die Wahrscheinlichkeit $P(X > k)$ bzw. $P(X \geqslant k)$?

Wie bestimmt man mithilfe der Glockenkurve bei einer normalverteilten Zufallsgröße die Wahrscheinlichkeit $P(k_1 \leqslant X \leqslant k_2)$, bzw. $P(k_1 < X < k_2)$?

Welchen Wert hat bei einer normalverteilten Zufallsgröße die Wahrscheinlichkeit $P(X = k)$?

Das Maximum befindet sich beim Erwartungswert:

$$x = \mu$$

26

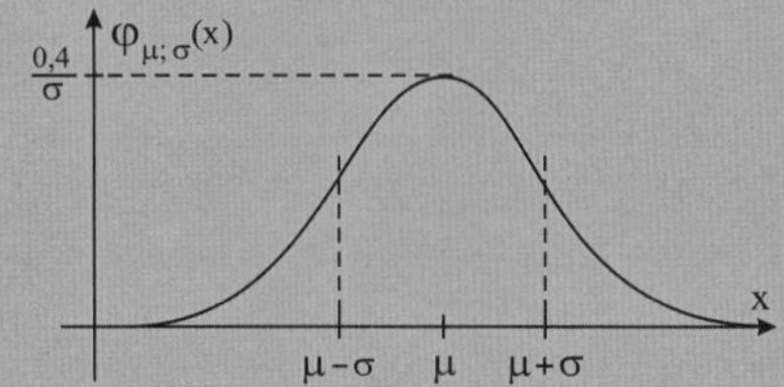

25

Das Maximum (der Hochpunkt der Glockenkurve) befindet sich bei

$$\varphi_{\mu;\sigma}(x) = \frac{0,4}{\sigma}$$

28

Die beiden Wendestellen befinden sich bei

$$x_1 = \mu - \sigma \text{ und } x_2 = \mu + \sigma$$

27

Man bestimmt die entsprechende Fläche unter der Glockenkurve:

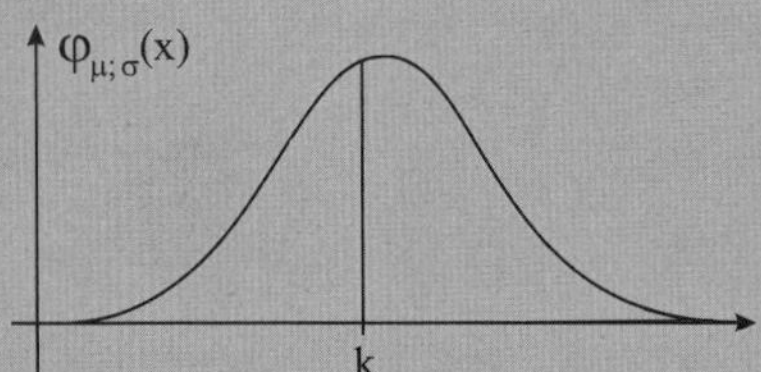

30

Man bestimmt die entsprechende Fläche unter der Glockenkurve:

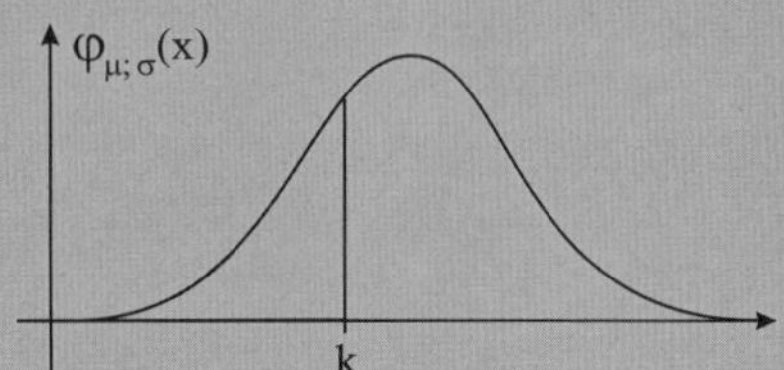

29

Es ist $P(X = k) = 0$, da die Fläche unter der Glockenkurve bei einer einzigen Linie gleich Null ist, bzw. weil für das Integral gilt:

$$\int_k^k \varphi_{\mu;\sigma}(x)\,dx = 0$$

32

Man bestimmt die entsprechende Fläche unter der Glockenkurve:

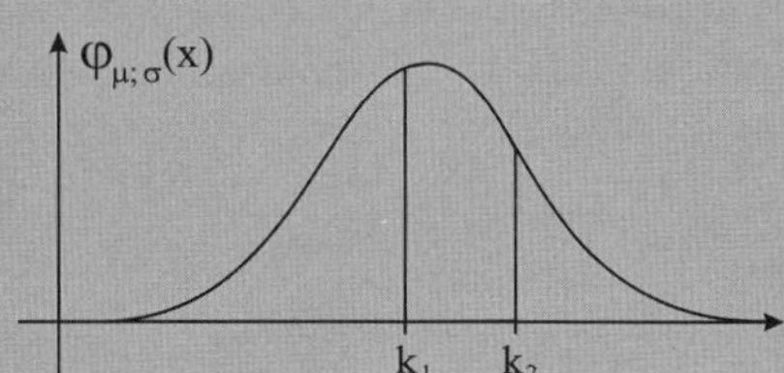

31